水利部黄河水利委员会

黄河防洪砌石工程预算定额

(试行)

黄 河 水 利 出 版 社

图书在版编目(CIP)数据

黄河防洪砌石工程预算定额：试行 / 水利部黄河水利委员会编.—郑州：黄河水利出版社，2008.12

ISBN 978 – 7 – 80734 – 535 – 0

Ⅰ.黄…　Ⅱ.水…　Ⅲ.黄河 – 砌石坝 – 防洪工程 – 建筑预算定额　Ⅳ.TV882.1

中国版本图书馆 CIP 数据核字(2008)第 178158 号

出 版 社:黄河水利出版社

地址:河南省郑州市金水路 11 号　　邮政编码:450003

发行单位:黄河水利出版社

发行部电话：0371-66026940、66020550、66022620(传真)

E-mail:hhslcbs@126.com

承印单位:黄河水利委员会印刷厂

开本:850 mm × 1 168 mm　1 / 32

印张:1

字数:25 千字　　　　印数:1—1 000

版次:2008 年 12 月第 1 版　　　　印次:2008 年 12 月第 1 次印刷

定价：25.00 元

水利部黄河水利委员会文件

黄建管[2008]25号

关于发布《黄河防洪砌石工程预算定额》(试行)的通知

委属有关单位、机关有关部门：

为了适应黄河水利工程造价管理工作的需要，合理确定和有效控制黄河防洪工程基本建设投资，提高投资效益，根据国家和水利部的有关规定，结合黄河防洪工程建设实际，黄河水利委员会水利工程建设造价经济定额站组织编制了《黄河防洪砌石工程预算定额》(试行)，现予以颁布。本定额自2009年1月1日起执行，原相应定额同时废止。

本定额与水利部颁布的《水利建筑工程预算定额》

(2002)配套使用(采用本定额编制概算时，相应子目乘以 1.03 系数)，在试行过程中如有问题请及时函告水利部黄河水利委员会水利工程建设造价经济定额站。

水利部黄河水利委员会

二〇〇八年十二月一日

主题词：工程　预算　定额　黄河　通知

抄　送：水利部规划计划司、建设与管理司、水利水电规划设计总院、水利建设经济定额站。

黄河水利委员会办公室　　2008 年 12 月 1 日印制

主 持 单 位　黄河水利委员会水利工程建设造价经济定额站

主 编 单 位　山东黄河勘测设计研究院

审　　　查　吴宾格

主　　　编　刘栓明　谢　军　周　莉　李洪明

副　主　编　潘玉琴　高　峰　李永芳　韩红星　李建军

编写组成员　刘栓明　周　莉　潘玉琴　高　峰　李永芳　韩红星　李建军　李洪书　李　振　陈秀娟　王艳洲　张　波　张　斌　王春艳　孟宪锋　姜英焕　杨丽红　王海雷　胡相杰　范清德

目　录

说 明

一、《黄河防洪砌石工程预算定额》(以下简称本定额)包括人工抛石护根护坡、人工配合机械抛石护根、机械抛石护坡、1 m^3挖掘机装自卸汽车运输抛石进占、1 m^3装载机装自卸汽车运输抛石进占、乱石平整、粗排乱石、丁扣石护坡、干填腹石、装抛铅丝笼、装铅丝笼、柳石枕、柳石搂厢进占、封顶石、1 m^3挖掘机装自卸汽车倒运备防石、1 m^3装载机装自卸汽车倒运备防石、备防石码方共17节及施工机械台时费定额。

二、本定额适用范围为黄河防洪工程，包括险工、控导、防护坝工程等，是编制黄河河道整治工程概算的基础。可作为编制黄河防洪工程招标标底和投标报价的参考。

三、本定额不包括冬季、雨季影响施工的因素及增加的设施费用。

四、本定额按一日两班作业施工、每班八小时工作制拟定。若部分工程项目采用一日一班制的，定额不作调整。

五、本定额的“工作内容”仅扼要说明主要施工过程及工序，次要的施工过程及工序和必要的辅助工作所需的人工、材料、机械也包括在定额内。

六、定额中人工、机械用量是指完成一个定额子目内容所需的全部人工和机械。包括基本工作、准备与结束、辅助生产、不可避免的中断、必要的休息、工程检查、交接班、班内工作干扰、常用工具和机械的维修、保养、加油、加水等全部工作。

七、定额中人工是指完成该定额子目工作内容所需的人工耗用量。包括基本用工和辅助用工，并按其所需技术等级分别列示出工长、高级工、中级工、初级工的工时及其合计数。

八、材料消耗定额(含其他材料费、零星材料费)是指完成一个定额子目内容所需要的全部材料耗用量。

1.材料定额中，未列示品种、规格的，可根据设计选定的品种、规格计算，但定额数量不得调整。凡材料已列示了品种、规格的，编制预算单价时不予调整。

2.材料定额中，凡一种材料名称之后，同时并列了几种不同型号规格的，如铅丝笼定额中 12#、10#铅丝，表示这种材料只能选用其中一种型号规格的定额进行计价。

3.其他材料费和零星材料费是指完成一个定额子目的工作内容所必需的未列量材料费。

4.定额中含材料场内运输，除注明者外均为 20 m。材料就近搬运和场内运输所需要的人工、机械及费用，已包括在各定额子目中。

九、机械台时定额(含其他机械费)是指完成一个定额子目工作内容所需的主要机械及次要辅助机械使用费。

1.机械定额中，凡一种机械名称之后，同时并列几种型号规格的，如机械抛石定额中的自卸汽车等，表示这种机械只能选用其中一种型号、规格的定额进行计价。

2.机械定额中，凡一种机械分几种型号规格与机械名称同时并列的，表示这些名称相同规格不同的机械定额都应同时计价。

3.其他机械费是指完成一个定额子目工作内容所必需的次要机械使用费。

十、本定额中其他材料费、零星材料费、其他机械费均以费率形式表示，其计算基数如下：

1.其他材料费，以主要材料费之和为计算基数；

2.零星材料费，以人工费、机械费之和为计算基数；

3.其他机械费，以主要机械费之和为计算基数。

十一、本定额的计量单位除注明外，均按“成品方”计算。

十二、定额石料规格及标准说明

块石：指厚度大于 20 cm，长度为厚度的 1.7~3 倍，宽度为厚度的 1.5~2 倍，上下两面平行且大致平整，无尖角、薄边的石块。

毛条石：较规则的六面体，一般表面不加工或稍加修整，厚度不小于 20 cm，长度为厚度的 1.5~3 倍。

料石：指毛条石经修边打荒加工，外露面方正，各相邻面正交，表面凹凸不超过 10 mm 的石料。

十三、各定额中石料计量单位：砂为堆方；块石为码方；条石、料石为清料方。

十四、粗排乱石坝

粗排乱石坝由沿子石和腹石组成，沿子石采用粗排(套用“粗排乱石”定额)，腹石采用干填(套用“干填腹石”定额)。沿子石从块石中挑选，不经专门加工，仅用手锤打去虚棱边角后排整。坝面层层压茬，结合平稳，面平缝密，不使用垫子石。干填腹石按“大石在外，小石在内，大石排紧，小石塞严”的原则填实。

十五、丁扣石坝

丁扣石坝由沿子石和腹石组成，沿子石采用丁扣(套用“丁扣护坡”定额)，腹石采用干填(套用“干填腹石”定额)。丁扣采用的沿子石从大块石中挑选(或直接采用料石)，然后进行适当加工。加工时按长轴方向选出一平面作为端面，加工成长方形或正方形，俗称“四边见线”，端面用錾子凿打使之平整。靠近端面的四个侧面为石长的 1/3 ~ 1/2 凿打成平面，其余只要不突出已凿打好的平面，依其自然形状即可。

1　人工抛石护根护坡

工作内容：人工抛石护根(险工)：安拆抛石排、人工装、运、卸、抛投(包括二次抛投)、填塞。

人工抛石护坡(包括控导护根)：人工装、运、卸、抛投、填塞。

单位：100 m^3 抛投方

项　　目	单位	险工工程		控导工程
		人工抛石护根	人工抛石护坡	人工抛石护坡、护根
工　　长	工时	5.5	4.0	4.4
高　级　工	工时			
中　级　工	工时	27.8		
初　级　工	工时	244.6	196.1	215.7
合　　计	工时	277.9	200.1	220.1
块　　石	m^3	103	103	103
其他材料费	%	2	1	1
胶　轮　车	台时	48.57	48.57	48.57
编　　号		30061	30062	30063

注：抛投方相当于堆方。

2 人工配合机械抛石护根

适用范围：险工工程。

工作内容：安拆抛石排、运石、抛投(包括人工二次抛投)。

单位:100 m^3 抛投方

项　　目	单位	挖掘机	装载机
工　　长	工时	2.2	2.2
高　级　工	工时		
中　级　工	工时	11.0	11.0
初　级　工	工时	96.9	96.9
合　　计	工时	110.1	110.1
块　　石	m^3	103	103
其他材料费	%	2	2
挖　掘　机　1 m^3	台时	1.30	
装　载　机　3 m^3	台时		0.91
编　　号		30064	30065

注：抛投方相当于堆方。

3 机械抛石护坡

适用范围：险工、控导工程。

工作内容：装、运、抛投、空回。

单位：100 m^3 抛投方

项目	单位	挖掘机	装载机
工长	工时		
高级工	工时		
中级工	工时		
初级工	工时	3.2	3.2
合计	工时	3.2	3.2
块石	m^3	103	103
其他材料费	%	1	1
挖掘机 1 m^3	台时	1.30	
装载机 3 m^3	台时		0.91
编号		30066	30067

注：抛投方相当于堆方。

4 1 m^3挖掘机装自卸汽车运输抛石进占

适用范围：水中进占坝体施工。

工作内容：装、运、卸、空回，抛投。

单位：100 m^3抛投方

项目		单位	运距(m)		
			200	300	400
工长		工时			
高级工		工时			
中级工		工时			
初级工		工时	8.6	8.6	8.6
合计		工时	8.6	8.6	8.6
块石		m^3	103	103	103
其他材料费		%	1	1	1
挖掘机	1 m^3	台时	2.90	2.90	2.90
自卸汽车	8 t	台时	4.06	4.70	5.32
	10 t	台时	3.70	4.28	4.85
	12 t	台时	3.35	3.88	4.40
	15 t	台时	2.77	3.20	3.63
编号			30068	30069	30070

注：抛投方相当于堆方。

5　1 m³装载机装自卸汽车运输抛石进占

适用范围：水中进占坝体施工。

工作内容：装、运、卸、空回，抛投。

单位：100 m³抛投方

项　　目		单位	运距(m)		
			200	300	400
工　　长		工时			
高 级 工		工时			
中 级 工		工时			
初 级 工		工时	10.8	10.8	10.8
合　　计		工时	10.8	10.8	10.8
块　　石		m^3	103	103	103
其他材料费		%	1	1	1
挖 掘 机	1 m^3	台时	1.55	1.55	1.55
装 载 机	1 m^3	台时	1.78	1.78	1.78
自卸汽车	8 t	台时	4.49	5.13	5.75
	10 t	台时	4.13	4.71	5.28
	12 t	台时	3.78	4.31	4.83
	15 t	台时	3.20	3.63	4.06
编　　号			30071	30072	30073

注：抛投方相当于堆方。

6 乱石平整

适用范围：抛石护坡、护根(水上部分)表面平整。

工作内容：人工：拣平、插严、填实。

机械：整平。

单位：100 m^2

项　　目	单位	人工	机械
工　　长	工时	0.8	
高 级 工	工时		
中 级 工	工时		
初 级 工	工时	41.6	4.0
合　　计	工时	42.4	4.0
挖 掘 机 1 m^3	台时		0.56
编　　号		30074	30075

7　粗排乱石

工作内容：挂线、选石、修石、排整、压茬、填缝。

单位：100 m^3 砌体方

项　　目	单位	挖掘机	装载机
工　　长	工时	7.3	7.3
高　级　工	工时		
中　级　工	工时	248.0	248.0
初　级　工	工时	109.4	109.4
合　　计	工时	364.7	364.7
块　　石	m^3	110	110
其他材料费	%	1	1
挖　掘　机　1 m^3	台时	1.39	
装　载　机　3 m^3	台时		0.97
编　　号		30076	30077

注：挖掘机或装载机运石料至工作面。

8 丁扣石护坡

工作内容：块石：挂线、找平、选石、修石、砌筑、填缝等。

料石：挂线、找平、砌筑、填缝等。

单位：100 m^3 砌体方

项　　目	单位	块石	料石
工　　长	工时	31.9	14.6
高 级 工	工时		
中 级 工	工时	1083.9	495.0
初 级 工	工时	478.2	218.4
合　　计	工时	1594.0	728.0
块　　石	m^3	116	
料　　石	m^3		95
其他材料费	%	1	1
胶 轮 车	台时	54.70	78.30
编　　号		30078	30079

9 干填腹石

适用范围：险工、控导坦石。

工作内容：填石、插严。

单位：100 m^3 砌体方

项　　目	单位	挖掘机	装载机
工　　长	工时	5.4	5.4
高　级　工	工时		
中　级　工	工时	83.2	83.2
初　级　工	工时	179.7	179.7
合　　计	工时	268.3	268.3
块　　石	m^3	105	105
其他材料费	%	1	1
挖　掘　机　1 m^3	台时	1.32	
装　载　机　3 m^3	台时		0.92
编　　号		30080	30081

注：挖掘机或装载机运石料至工作面。

10 装抛铅丝笼

适用范围：险工、控导工程。

工作内容：人工编铅丝网片：平整场地、截丝、放样钉桩、穿丝、编铅丝网片，铺设垫桩或抛笼架、运石、装笼、封口、抛笼。

机械编铅丝网片：编铅丝网片、铺设垫桩或抛笼架、运石、装笼、封口、抛笼。

单位：100 m^3

项目	单位	人工编铅丝笼网片		机械编铅丝笼网片	
		1 m^3	2 m^3	1 m^3	2 m^3
工长	工时	4.8	4.5	3.4	3.4
高级工	工时				
中级工	工时	143.6	132.4	75.7	75.7
初级工	工时	89.1	89.1	89.1	89.1
合计	工时	237.5	226.0	168.2	168.2
块石	m^3	108	108	108	108
铅丝 12#	kg	580		580	
10#	kg	840	700	840	700
其他材料费	%	1	1	1	1
挖掘机 1 m^3	台时	1.36	1.36	1.36	1.36
铅丝笼网片编织机 22 kW	台时			1.02	0.65
编号		30082	30083	30084	30085

注：挖掘机运石料。

11 装铅丝笼

适用范围：险工、控导工程旱地铅丝笼护根。

工作内容：人工编铅丝网片：平整场地、截丝、放样钉桩、穿丝、编铅丝网片，运石、装笼、石料排整、封笼。

机械编铅丝网片：编铅丝网片，运石、装笼、石料排整、封笼。

单位：100 m^3

项目	单位	规格 2 m^3	
		人工编铅丝笼网片	机械编铅丝笼网片
工长	工时	6.8	5.7
高级工	工时		
中级工	工时	183.9	127.2
初级工	工时	149.8	149.8
合计	工时	340.5	282.7
块石	m^3	108	108
铅丝 10#	kg	700	700
其他材料费	%	1	1
挖掘机 1 m^3	台时	1.36	1.36
铅丝笼网片编织机 22 kW	台时		0.65
编号		30086	30087

注：挖掘机运石料。

12 柳石枕

适用范围：捆抛柳石枕：水中进占坝体施工。

捆柳石枕：旱坝根石固脚施工。

工作内容：平整场地、铺垫木桩、截铅丝、运料、铺柳料、摆石、盖柳料、捆枕、抛枕。

单位：100 m^3

项目	单位	捆抛柳石枕	捆柳石枕
工长	工时	6.3	6.3
高级工	工时	22.1	18.8
中级工	工时	44.1	37.5
初级工	工时	242.5	242.5
合计	工时	315.0	305.1
块石	m^3	30	30
铅丝 8#	kg	132	132
柳料	kg	12600	12600
木桩	根	10	10
麻绳	kg	100	100
其他材料费	%	1	1
装载机 3 m^3	台时	2.81	2.81
编号		30088	30089

注：柳料和块石的场内运输为 100 m。

13 柳石搂厢进占

适用范围：水中进占坝体施工。

工作内容：打桩、捆厢船定位、铺底钩绳、运料、铺料、拴绳、搂绳，完成第一批；续修第二批，第三批……

单位：100 m^3

项　　目	单位	数量
工　　长	工时	6.5
高 级 工	工时	20.1
中 级 工	工时	37.6
初 级 工	工时	259.7
合　　计	工时	323.9
块　　石	m^3	25
铅　丝　8#	kg	50
柳　　料	kg	14400
木　　桩	根	20
麻　　绳	kg	225
其他材料费	%	1
装 载 机　3 m^3	台时	2.34
机 动 船　11 kW	台时	2.94
编　　号		30090

注：柳料和块石的场内运输为 100 m。

14 封顶石

工作内容：浆砌石封顶：选石、修石、冲洗、运输、拌制砂浆、坐浆、砌筑、勾缝。

现浇混凝土板封顶：钢模板制作、安装及拆除；混凝土拌制、运输；坦石顶部冲洗、清理、平仓浇筑、振捣、养护，工作面转移及辅助工作。

单位：100 m^3

项目		单位	浆砌石封顶	现浇混凝土板封顶
工长		工时	17.7	53.5
高级工		工时		144.5
中级工		工时	362.1	589.1
初级工		工时	503.5	650.0
合计		工时	883.3	1437.1
块石		m^3	108	
混凝土		m^3		103
水		m^3		120
水泥砂浆	M7.5	m^3	34.4	
组合钢模板		kg		168.05
型钢		kg		90.75
卡扣件		kg		53.50
铁件		kg		3.17
预埋铁件		kg		256.99
电焊条		kg		5.24
其他材料费		%	0.5	2
振动器	1.1 kW	台时		44.50
风水枪		台时		14.92
钢筋切断机	20 kW	台时		0.13
汽车起重机	5 t	台时		17.95
载重汽车	5 t	台时		0.76
电焊机	25 kVA	台时		5.70
搅拌机	0.40 m^3	台时		18.54
胶轮车		台时	156.49	108.56
其他机械费		%		5
编号			30091	30092

15 1 m^3挖掘机装自卸汽车倒运备防石

工作内容：装、运、卸、堆存，运回。

单位：100 m^3成品码方

项目		单位	运距(m)			
			200	300	400	500
工长		工时				
高级工		工时				
中级工		工时				
初级工		工时	18.1	18.1	18.1	18.1
合计		工时	18.1	18.1	18.1	18.1
零星材料费		%	2.0	2.0	2.0	2.0
挖掘机	1 m^3	台时	2.76	2.76	2.76	2.76
自卸汽车	8 t	台时	8.29	9.59	10.85	12.18
	10 t	台时	7.55	8.73	9.90	11.10
	12 t	台时	6.84	7.92	8.89	10.06
	15 t	台时	5.66	6.53	7.41	8.31
编号			30093	30094	30095	30096

16　1 m^3装载机装自卸汽车倒运备防石

工作内容：装、运、卸、堆存，运回。

单位：100 m^3 成品码方

项　　目	单位	运距(m)			
		200	300	400	500
工　　长	工时				
高　级　工	工时				
中　级　工	工时				
初　级　工	工时	22.7	22.7	22.7	22.7
合　　计	工时	22.7	22.7	22.7	22.7
零星材料费	%	2.0	2.0	2.0	2.0
装　载　机　1 m^3	台时	3.63	3.63	3.63	3.63
自卸汽车　8 t	台时	9.16	10.46	11.72	13.05
10 t	台时	8.42	9.60	10.77	11.97
12 t	台时	7.71	8.79	9.85	10.93
15 t	台时	6.53	7.40	8.28	9.18
编　　号		30097	30098	30099	30100

17　备防石码方

工作内容：备防石码方：分垛、码方、顶面排整。

抹边、抹角：拌制砂浆、抹平、抹边、抹角。

项　　目	单位	备防石码方 (100 m^3 成品码方)	抹边、抹角 (100 m^2)
工　　长	工时	6.3	3.6
高 级 工	工时		
中 级 工	工时	126.5	80.4
初 级 工	工时	183.4	98.7
合　　计	工时	316.2	182.7
零星材料费	%	2.0	
水泥砂浆　M10	m^3		5.83
编　　号		30101	30102

附录

施工机械台时费定额

项目		单位	机动船	铅丝笼网片编织机
			功率(kW)	功率(kW)、最大幅宽(m)
			11	22、4.3
(一)	折旧费	元	1.68	33.82
	修理及替换设备费	元	1.46	30.44
	安装拆除费	元		
	小计	元	3.14	64.26
(二)	人工	工时	2	14
	柴油	kg	0.5	
	电	kW·h		22
编号			7402	9227